农村震害警与诫

NONGCUN
ZHENHAI
JINGYUJIE

洪 星　张 颖　谢碧江 ◎编著

U0288351

海峡出版发行集团
THE STRAITS PUBLISHING & DISTRIBUTING GROUP | 福建科学技术出版社
FUJIAN SCIENCE & TECHNOLOGY PUBLISHING HOUSE

图书在版编目（CIP）数据

农村震害警与诫/洪星，张颖，谢碧江编著.—福州：
福建科学技术出版社，2015.5（2018.1重印）
ISBN 978-7-5335-4770-7

Ⅰ.①农… Ⅱ.①洪… ②张… ③谢… Ⅲ.①农村住
宅－抗震性能－研究－中国 Ⅳ.①P315.9

中国版本图书馆CIP数据核字（2015）第077155号

书　　名	农村震害警与诫
编　　著	洪星　张颖　谢碧江
出版发行	海峡出版发行集团
	福建科学技术出版社
社　　址	福州市东水路76号（邮编350001）
网　　址	www.fjstp.com
经　　销	福建新华发行（集团）有限责任公司
印　　刷	福建彩色印刷有限公司
开　　本	700毫米×1000毫米　1/16
印　　张	2
图　　文	32码
版　　次	2015年5月第1版
印　　次	2018年1月第4次印刷
书　　号	ISBN 978-7-5335-4770-7
定　　价	11.50元

书中如有印装质量问题，可直接向本社调换

前 言

　　地震是一种自然现象，全球每年发生约 500 万次。当地震释放的能量超出受影响地区的承受能力时就产生地震灾害。

　　我国地震多发，而乡村有大量房屋缺乏抗震设防，再加上民众防震减灾的意识和能力不足，我国的地震灾害特别严重，常常造成小震大灾、大震巨灾的严重后果。

　　古人云：天灾示警，逆之必亡，人祸告诫，省之固益。本书对已经发生的灾害现象进行归纳分析，再结合现实中存在的安全隐患，向大家提示应采取的地震灾害防范措施。

　　希望广大民众，特别是农村地区朋友，能通过学习、了解地震科普知识，排除危险隐患、掌握避险技能，未雨绸缪，最大限度地减轻地震灾害损失。

目 录

乡村房屋地震灾害的警示

1 同一地震不同后果给人的警示

下面是 2014 年云南鲁甸地震的灾情现场照片，可以看到，地点虽相同，不同房屋的地震后果却截然不同。

> 与边坡保持安全距离的基本完好

> 紧挨边坡的完全倒塌

不同场地的结果

> 砖混房屋破坏轻微

> 土木房屋完全倒塌

不同房屋类型的结果

设置圈梁构造柱的基本完好

未设置圈梁构造柱的完全倒塌

同是砖混房屋但构造措施不同的结果

它们说明：大地震未必会带来大灾害，建筑质量对地震后果有重要影响，人们增强防震意识、做好防震工作可以有效减轻损失。

下面，我们对各震害现场中反映出的建筑问题进行归纳分析。

2 房屋选址不当

房屋建在山脚或者山坡上，易被山体滑坡掩埋，或被滚石撞击

2014 年云南鲁甸地震

房屋沿山坡建设易垮塌

2013 年福建仙游地震

房屋紧挨河岸而
建，地基易失效

2008 年汶川地震

2008 年汶川地震

房屋建在突兀山顶，地震作
用放大，易造成破坏

3 结构类型自身缺陷

（1）土木结构房屋。这类房屋的缺点是：土墙本身笨重，且强度低；土
墙与木构架之间的变形协调能力差。

土墙自重大、强
度低，容易开裂

2014 年云南鲁甸地震

木柱过细，柱脚固定不牢，木构架易倾倒

2014 年云南景谷地震

木构架与围护墙体间无连接，使围护墙不稳，易倒塌

2014 年云南景谷地震

瓦片固定不牢，易滑落

2008 年汶川地震

（2）石结构房屋。这类房屋的缺点是：石条楼板、楼梯容易断裂，毛石、片石墙体容易倒塌。

墙体采用毛石或片石砌筑，整体性差，易整体垮塌

2008 年汶川地震

4 布局不合理

表面复杂或突出的部位易损坏

2008 年汶川地震

上层墙多，下层墙少，头重脚轻，易造成下层墙身破坏

2008 年汶川地震

2008 年汶川地震

房屋开间过大，外墙
受约束不足易倒塌

2008 年汶川地震

底层是大空间框架结
构,上部是砖混结构,
底层易破坏

2014 年云南鲁甸地震

2008 年汶川地震

两座房屋紧贴着建造，地震
时易互相挤压、碰撞而损坏

不规则墙体抗震构造
措施不到位，易震坏

5 构造措施不当

2008 年汶川地震

不同建筑材料之间变形不协调，连接处震坏

2008 年汶川地震

外墙转角处缺乏加强措施，易震坏

2008 年汶川地震

无构造柱、圈梁，墙体过薄，易震塌

2008 年汶川地震

2014 年云南鲁甸地震

墙体上门窗开洞面积过大，削弱墙体，抗震能力严重降低

2008 年汶川地震

开窗处墙体缺乏加强措施，窗间墙易震坏

2014 年云南景谷地震

围墙未设置扶壁柱，易倒塌

2008 年汶川地震

2008 年汶川地震

预制板整体性差，且没有做好锚固，地震时从上至下连续垮塌

框架结构填充墙与梁柱间连接差，墙体易开裂破坏

壹图网供图

柱顶、柱脚、梁柱节点处箍筋没有加密，甚至无箍筋

2008 年汶川地震

混凝土骨料选用不当，施工中振捣不密实

6 附属设施易破坏

2008 年汶川地震

阳台栏板易塌落

2008 年汶川地震

屋面女儿墙易倒塌

2008 年汶川地震

雨棚、门脸等
容易垮塌

2008 年福建水口地震

2008 年汶川地震

附墙烟囱易震落

吊顶、栏板等容易晃落

2008 年汶川地震

外墙装饰物固定
不牢，易震落。
玻璃幕墙也有同
样危险

2008 年汶川地震

顶部塔楼晃动大，
容易垮塌

11

不同类型房屋的隐患

农村地区的房屋类型（以福建省考察为例）主要有生土结构、木结构、石结构、砖混结构、框架结构等。

1 生土结构房屋

这类房屋是直接用土墙承重的房屋。

闽西北一带的土楼就是生土结构房屋，因其结构布置合理、外形规则对称、受力分布均匀、施工工艺精良、夯土墙厚度大等原因，具有较好的抗震性能，特别是圆形土楼。

但在大部分情况中，生土结构房屋抗震性能弱，这是因为：泥土直接作为承重材料，强度低、脆性大，土制墙体整体性不足、变形能力差。

一些具体问题如下图所示。

夯土墙整体性差

纵横墙交接差

纵横墙建筑材料不同，且连接差　　　　　烟囱削弱墙体

 木结构房屋

　　这类房屋以木构架为主要承重构件，砖墙或土墙只起维护作用。

　　木屋架通常做成三角形，受力比较合理，结构稳定；梁柱等构件之间通常用榫卯连接，有一定延性，墙体较轻，地震中常常"墙倒屋不塌"。

　　这类房屋不利于抗震的情况有：

　　（1）很多房屋屋顶结构复杂，梁粗柱细，造成头重脚轻，地震时易倒塌。

　　（2）许多农村房屋使用土坯墙，墙体与木构架连接性能差，而两者在地震时运动不一致，所以地震时墙体易与木构架脱离、倒塌。

　　一些具体问题如下图所示。

木构架与墙体无连接措施　　　年久失修　　　　木梁架设在空斗墙上

市柱容易失稳	烟囱突出屋面过高	烟囱过细过长

3 石结构房屋

这类房屋以石材作为主要承重构件，在沿海地区广泛分布。

石材耐久性好，具有极高的抗压强度。

这类房屋不利于抗震的常见情况有：

（1）石材自重大，抗拉、抗弯能力差，材料本身存在节理缺陷，用做石梁、石板时容易开裂、折断。

（2）闽南沿海一带多采用干砌、甩浆、有垫片的施工工艺砌筑石墙体，造成房屋整体性差，抗震变形能力极低，地震中容易造成整体倒塌。

（3）部分房屋采用毛石甚至卵石砌筑，无法保证房屋整体性能。

（4）个别房屋在石结构房屋上加建砖混结构房屋，加大下层房屋石梁、石楼板的荷载，且造成上下层间刚度差别太大，容易在地震中毁坏。

一些具体问题如下图所示。

建筑材料均为石材，整体性差

节点搭接繁杂

石条端部搭接长度不足

石房上加建砖房

墙体使用毛石

纵横墙交接差

4 砖混结构房屋

这类房屋主要由黏土砖或多孔砖通过砂浆砌筑成墙体承重，屋盖及楼板采用钢筋混凝土现浇或采用预制板。

这类房屋的整体性较好，较抗水平摇动。采用现浇楼屋盖、配置有构造柱和圈梁的这类房屋抗震性能较好。

这类房屋不利于抗震的常见情况有：

（1）使用预制板楼屋盖、未配置构造柱和圈梁的这类房屋整体性较差，抗震性能相应也较差。

（2）部分房屋纵横墙交界措施不当，砌筑施工质量差，房屋承重体系不合理，地震中墙体容易毁坏。

（3）部分房屋墙体中门窗开洞过大，造成墙体刚度下降，地震中容易形成窗间墙、门窗角部的开裂。

一些具体问题如下图所示。

无构造柱，圈梁不闭合　　相邻楼板不处于同一水平面　　采用空斗墙承重

纵横墙连接差

房屋紧贴建造

墙体砌筑方式不当

墙体砌筑质量差

外墙开洞过大过多

窗间存在短柱现象

门洞上方设置承重梁

窗顶过梁设置不当，且搭接长度不足　　　使用条石作为过梁

5 框架结构房屋

这类房屋以现浇钢筋混凝土梁、板、柱为承重体系，墙体一般只起间隔和围护作用。

这类房屋的结构延性较好，抗震变形能力较强，但抗水平摇动能力稍差。

这类房屋不利于抗震的情况有：

（1）部分房屋仅底层采用框架结构形式，即底层为大空间的框架结构，二层以上采用砖混结构，造成底层刚度远远小于以上各层，在大震下底层柱子容易毁坏。

（2）个别框架结构为了保证内部空间，使用细小的柱子，造成"弱柱强梁"，不利于抗震。

（3）部分房屋墙体与框架梁柱间没有拉结措施，地震中墙体容易开裂、倒塌。

一些具体问题如下图所示。

底层采用框架大空间结构，上层采用砖混结构

砖墙与框架柱之间未采用钢筋进行拉结

6 房屋使用不当

房屋使用不当主要指野蛮装修，地震时容易导致灾害发生。

江南都市报讯，任孝霞摄

盲目追求大空间，破拆承重墙或柱

现浇楼板盲目开洞

为加大层高或建造地下室，擅自开挖室内地坪

埋设大量管线，破坏了墙体的整体性

居安思危

虽然地震的发生不可避免，但地震灾害则可以通过全社会的共同努力来减轻。我们应该学习防震减灾知识，不断提高防震减灾能力。

1 大力提高乡村房屋的抗震设防水平

（1）积极参与农居地震安全工程建设

针对农村地区房屋的地震安全隐患，国家已在全国实施了农居地震安全工程，旨在通过各级政府和全社会的共同努力，增强广大民众的防震减灾意识，全面提高民居抗御地震灾害的能力。各地可结合"造福工程"、灾区重建、库区移民、村镇住宅小区建设、美丽乡村建设等，建设农居地震安全示范工程。

漳州市尤溪城东社区

安全优美的生活环境

漳州市云霄君豪社区

社区地震志愿者队伍

漳州市芗城延安北社区

泉州市永春儒林社区

社区地震应急物资储备　　　　　社区附近地震应急避险场所

漳州市平和城东社区

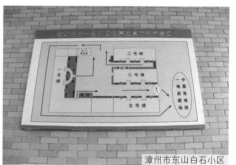
漳州市东山白石小区

地震科普宣传　　　　　　　　　地震应急疏散指示图

案例分析

　　2013 年福建仙游 4.8 级地震发生后，有关部门结合灾后重建工作，实施农居地震安全示范工程，集体联排建设抗震农居，将受灾村民集中安置。

（2）按规程规范进行房屋的抗震设防与加固

农村地区新建房宜参考国家有关部门发布的《镇（乡）村建筑抗震技术规程》《建筑抗震设计规范》等，在建设时选取合适的场地，采取必要的构造预防措施，采用正确的施工方法，确保施工质量，以达到房屋抗震设防的目的。

现有房屋存在各种震害隐患的，应对其进行必要的加固，以加强抗震能力。应根据具体情况采取措施，涉及方面有：场地与地基的选取与处理，房屋抗震设计原则，土木房屋的抗震设防与加固，石砌房屋的抗震设防与加固，砖混房屋的抗震设防与加固等。

下面是在福建省实施的农村"造福工程"的情况，采取了各种抗震防灾措施。

①建房选址恰当。

选址相对平整开阔

②地基处理坚固。

地基土坚实

基础设置得当，
尽量采用现浇
混凝土地圈梁

③房屋布局合理。

房屋平面立面规
整、比例得当，没
有底层大空间、墙
体大开洞等情况

④砖混房屋的圈梁、构造柱结构可靠。

墙体上圈梁闭合完整

构造柱与墙体连接牢靠

⑤施工有质量。

框架柱预埋钢筋头，加强与砖墙的拉结

梁底的砖斜砌顶紧

纵横墙体应尽量同时砌筑施工。无法同时砌筑的，应设置构造柱或者留斜槎，避免留直槎。

纵横墙间设置构造柱

知识链接

斜 槎

砖砌体的转角处和交接处应同时砌筑，不能同时砌筑时应砌成斜槎，以增加后砌之砖墙与前砌之砖墙的结合。普通砖砌体斜槎水平投影长度不应小于高度的 2/3，多孔砖砌体的斜槎长高比不应小于 1/2。

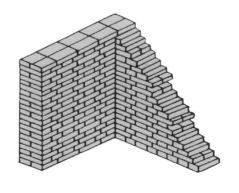

② 积极参与防震减灾"三网一员"工作

积极参与农村地区地震的群测群防工作——防震减灾"三网一员"工作。"三网一员"指:地震宏观测报网,地震灾情速报网,地震知识宣传网,以及乡镇防震减灾助理员。在有感地震或破坏性地震发生后,及时准确地向省、市、县地震部门报告震感情况和灾情。

目前福建全省已开通了 12322 防震减灾服务热线。

知识链接

1. 地震前兆

地震前兆可以分为如下两类。

微观前兆:人的感官不易觉察,须用仪器才能测量到的震前变化。例如,地面的变形,地球的磁场、重力场的变化,地下水化学成分的变化,小地震的活动等。

宏观前兆:人的感官能觉察到的异常现象。如井水的升降、变浑,动物群体行为反常,地声、地光等。

2. 地震谣言

地震谣言是指没有事实根据,或缺乏科学依据的地震消息。地震谣言的危害很大,它可引发社会的不安,破坏正常的生产生活秩序,甚至造成不必要的人员伤亡和财产损失。

地震谣言的内容总结起来有以下几种:

①"海外传闻"形式,即传说外国人测出某地、某年月日甚至某时要发生 8 级甚至 12 级地震。福州和闽南地区旅居港、澳、台的同胞和旅居海外的侨胞众多,又是经济开放地区,国外不确切信息或讹传容易传入,形成"海内外遥相呼应"。

②打着专家旗号,例如"李四光的预言"。

③带有迷信色彩或伴有离奇传说，例如闰年要地震，某地要沉为大海等。

识破地震谣言，只要一问、二想、三核实：

"一问"就是首先问一下消息来源，只要不是政府正式发布的地震预报，一概不要相信和传播；

"二想"就是认识到目前地震预报水平还不高，如果地震发生的时间、地点、震级都说得很准确，那一定是谣言；

"三核实"就是当对自己获悉的消息有疑问，向地震工作部门核实。

3 学习应用地震知识

学习地震科普知识，为应急避险做准备，也为身边的抗震建设发挥作用。当你身边有新建房屋时，可以：

①了解所在地区的地震设防要求；

②观察拟建房屋选址是否得当；

③了解房屋设计是否采用当地建设部门提供的规范图纸及施工措施；

④看看工匠是否能按图纸要求进行施工；

⑤联系当地建设部门进行必要的指导。

 友情链接

福建省数字地震科普馆，网址 http://www.fjdspm.com。

知识链接

1. 原生灾害

是指由地震造成的直接灾害和后果，如地面变形开裂、建筑物的破坏倒塌、交通水利电力设施等生命线工程的损坏等。

2. 次生灾害

是指因地震原生灾害引发的一系列间接灾害，如山体滑坡、泥石流、水灾、火灾、海啸、瘟疫、爆炸、毒气泄漏、放射性物质扩散等。